AF174736

Daniel López Rodríguez
Jaime Gisbert Payá

Mercados de productos textiles: manual de prácticas

edUPV

Universitat Politècnica de València

Colección *Académica* http://tiny.cc/edUPV_aca

Para referenciar esta publicación utilice la siguiente cita:
López Rodríguez, Daniel; Gisbert Payá, Jaime. (2024). *Mercados de productos textiles: manual de prácticas*. edUPV

© Daniel López Rodríguez
Jaime Gisbert Payá

© 2024, edUPV
Venta: www.lalibreria.upv.es / Ref.: 0155_06_01_01

ISBN: 978-84-1396-273-3
Depósito Legal: V-2747-2024

Imprime: Byprint Percom, S. L.

Si el lector detecta algún error en el libro o bien quiere contactar con los autores, puede enviar un correo a edicion@editorial.upv.es

edUPV se compromete con la ecoimpresión y utiliza papeles de proveedores que cumplen con los estándares de sostenibilidad medioambiental https://editorialupv.webs.upv.es/compromiso-medioambiental/

La Editorial UPV autoriza la reproducción, traducción y difusión parcial de la presente publicación con fines científicos, educativos y de investigación que no sean comerciales ni de lucro, siempre que se identifique y se reconozca debidamente a la Editorial UPV, la publicación y los autores. La autorización para reproducir, difundir o traducir el presente estudio, o compilar o crear obras derivadas del mismo en cualquier forma, con fines comerciales/lucrativos o sin ánimo de lucro, deberá solicitarse por escrito al correo edicion@editorial.upv.es

Impreso en España

Índice

Introducción

La industria textil, con su vasta gama de productos y aplicaciones, se encuentra en constante evolución y adaptación a las demandas del mercado y las necesidades técnicas. En este contexto dinámico, la evaluación y comprensión de las propiedades y características de los materiales textiles se convierten en aspectos críticos para garantizar su calidad, funcionalidad y seguridad en diversos entornos de aplicación. Es en este espíritu que el presente libro de prácticas se erige como una herramienta indispensable para los estudiantes del Máster en Ingeniería Textil, ofreciendo un enfoque práctico y detallado sobre la evaluación de productos textiles y los requisitos técnicos que rigen su mercado.

Dentro de estas páginas, los estudiantes encontrarán un compendio de conocimientos y procedimientos esenciales, diseñados para profundizar en la comprensión de los estándares y normativas que rigen la industria textil, así como para desarrollar habilidades prácticas en la evaluación de materiales y productos textiles.

La primera sección del libro aborda el crucial tema de la resistencia microbiológica de geotextiles y productos afines, un aspecto cada vez más relevante en aplicaciones que involucran interacciones con el suelo. A través de un detallado procedimiento de ensayo, los estudiantes explorarán cómo evaluar visualmente las muestras antes y después de su exposición, así como realizar pruebas para medir sus propiedades físicas, siguiendo las pautas establecidas en la norma UNE-EN 12225.

En la segunda sección, se examina la determinación de la respirabilidad en mascarillas higiénicas, un tema de gran relevancia en el contexto actual de la pandemia de la COVID-19. A través de la normativa UNE-EN 14683:2019+AC y la UNE 0065:2021, los estudiantes se familiarizarán con los métodos para medir la presión diferencial, un indicador clave de la capacidad de respiración de las mascarillas, utilizando equipos específicos y siguiendo procedimientos rigurosos.

Llegando a la tercera sección se adentra en la evaluación de la gasa de algodón y la gasa de algodón-viscosa, centrándose en propiedades como la higroscopicidad, acidez, alcalinidad, fluorescencia y resistencia mecánica. Siguiendo las normas UNE-EN 1644-1 y UNE-EN 14079, los estudiantes aprenderán a realizar una variedad de pruebas y análisis para caracterizar estos materiales fundamentales en aplicaciones médicas y más allá.

La práctica número cuatro se enfoca en los tejidos utilizados en la industria automotriz, destacando su importancia en términos de durabilidad, resistencia y adaptabilidad. Los estudiantes tendrán la oportunidad de investigar y evaluar la capacidad de ensuciamiento y limpieza de los materiales textiles utilizados en la tapicería de automóviles. Desde la solidez del color hasta la resistencia al lavado y al frote, esta práctica proporciona una visión detallada de los requisitos técnicos exigentes que enfrentan los tejidos en el entorno automotriz moderno.

Este libro de prácticas continúa explorando otros aspectos fundamentales de la ingeniería textil, incluyendo la protección personal frente a agentes químicos y el confort térmico en diferentes entornos. Cada práctica ofrece una oportunidad única para desarrollar habilidades prácticas y conocimientos especializados en áreas específicas de la ingeniería textil, preparando a los estudiantes para enfrentar los desafíos del mundo real en la industria. Con un enfoque en la aplicación práctica y la comprensión profunda de los conceptos técnicos, este libro de prácticas es una herramienta valiosa para estudiantes, educadores y profesionales en el campo de la ingeniería textil, proporcionando una base sólida para el éxito en la industria en constante evolución.

Cada práctica presenta objetivos claros, materiales necesarios y detallados procedimientos operativos, acompañados de notas explicativas y verificaciones para garantizar la precisión y la comprensión completa de cada paso. Además, se incluyen imágenes y diagramas que ilustran los equipos utilizados y los procesos involucrados, facilitando aún más el aprendizaje y la aplicación práctica de los conceptos presentados.

En resumen, este libro de prácticas ofrece a los estudiantes del Máster en Ingeniería Textil una valiosa oportunidad para adquirir habilidades prácticas y conocimientos técnicos sólidos en el campo de la evaluación de productos textiles. Con un enfoque riguroso en la aplicación de normativas y estándares, así como en la comprensión de las propiedades fundamentales de los materiales textiles, esta obra se convierte en un recurso indispensable para aquellos que buscan destacarse en la industria textil y enfrentar los desafíos del mercado global con confianza y competencia.

En el vertiginoso mundo industrial, donde la calidad y el cumplimiento normativo son imperativos inquebrantables, la necesidad de recursos confiables y prácticos para verificar la idoneidad de los productos textiles es más crucial que nunca. Así pues, este trabajo puede ser utilizado como una "Guía Práctica para Verificación Textil en Industrias" y emerge como una herramienta indispensable, ofreciendo un compendio exhaustivo de ensayos y prácticas destinadas a asegurar que los textiles utilizados en una variedad de aplicaciones industriales cumplan con los estándares requeridos.

Esta guía abarca un amplio espectro de sectores industriales, desde automoción hasta geosintéticos, gasas sanitarias, mascarillas sanitarias, EPIS de protección química y textiles para el confort. A través de una meticulosa descripción de prácticas de ensayo, proporciona a los profesionales de la industria un enfoque sistemático para garantizar la calidad y la seguridad en sus productos textiles.

Una de las mayores ventajas que ofrece esta publicación es su enfoque integral. En lugar de abordar únicamente un sector específico, abarca múltiples áreas de aplicación, lo que la convierte en una herramienta versátil y adaptable a diversas necesidades industriales. Ya sea que esté fabricando componentes para automóviles, productos médicos o equipos de protección personal, esta guía ofrece el conocimiento y las directrices necesarias para realizar ensayos de verificación con precisión y eficacia.

Además, la estructura clara y concisa de este trabajo facilita su uso tanto para profesionales experimentados como para aquellos que están incursionando en el campo de la verificación textil. Cada práctica se presenta de manera detallada, con instrucciones paso a paso y explicaciones claras de los procedimientos de ensayo. Esto no solo facilita la comprensión, sino que también garantiza la consistencia en la ejecución de los ensayos, minimizando así la posibilidad de errores y garantizando resultados confiables.

Otra ventaja significativa de esta memoria de prácticas es su enfoque en la conformidad normativa. En un entorno industrial cada vez más regulado, el cumplimiento de las normativas y estándares pertinentes es fundamental para la reputación y el éxito de una empresa. Al proporcionar orientación sobre los requisitos técnicos y las normativas aplicables en cada sector, esta guía ayuda a garantizar que los productos textiles cumplan con las exigencias legales y de calidad, evitando posibles sanciones y riesgos para la seguridad del consumidor.

Además de su utilidad evidente en el ámbito industrial, también es una herramienta valiosa para estudiantes, investigadores y académicos interesados en el campo de los textiles técnicos. Al ofrecer una visión detallada de los ensayos de verificación utilizados en diversas aplicaciones industriales, proporciona un recurso educativo invaluable que complementa la teoría con la práctica, preparando a futuros profesionales para los desafíos del mundo real.

Manual de buenas prácticas en laboratorios

Introducción

Este manual tiene como objetivo establecer pautas y procedimientos para promover un entorno seguro, eficiente y responsable en los laboratorios. La implementación de estas buenas prácticas no solo garantiza la integridad de los experimentos y la precisión de los resultados, sino que también protege la salud y el bienestar de quienes trabajan en el laboratorio y del medio ambiente en general.

Seguridad

- Equipamiento de Protección Personal (EPP)
  Todos los trabajadores del laboratorio deben usar el EPP adecuado, que incluye gafas de seguridad, guantes, batas de laboratorio y calzado cerrado.

- Manejo de sustancias químicas
  Manipular y almacenar sustancias químicas de acuerdo con las normativas de seguridad y siguiendo las instrucciones proporcionadas en las fichas de seguridad de los materiales.

- Equipamiento de emergencia
  Los laboratorios deben estar equipados con extintores de incendios, duchas de seguridad, lavaojos y equipos de ventilación adecuados para responder a emergencias de manera rápida y eficaz.

Higiene y limpieza

– Limpieza del espacio de trabajo
Mantener el área de trabajo limpia y ordenada, eliminando cualquier desorden y derrames de forma inmediata para prevenir accidentes y contaminaciones.

– Lavado de manos
Lavarse las manos con agua y jabón antes y después de cada procedimiento para evitar la contaminación cruzada y proteger la salud personal.

– Limpieza de equipos y utensilios
Limpiar y desinfectar regularmente equipos, utensilios y superficies de trabajo para evitar la acumulación de residuos y contaminantes.

Manipulación de muestras y materiales

– Identificación de muestras
Etiquetar todas las muestras de manera clara y precisa, incluyendo información relevante como el nombre, la fecha de recolección y cualquier tratamiento previo.

– Manipulación segura
Manipular muestras y materiales con cuidado y atención para evitar derrames, roturas o contaminaciones, utilizando herramientas y técnicas adecuadas para cada procedimiento.

– Almacenamiento adecuado
Almacenar muestras y materiales en condiciones adecuadas de temperatura, humedad y luz para preservar su integridad y estabilidad a lo largo del tiempo.

Comunicación y colaboración

– Comunicación clara y efectiva
Mantener una comunicación abierta y transparente entre los miembros del equipo de laboratorio, compartiendo información relevante y resolviendo cualquier duda o problema de manera oportuna.

– Trabajo en equipo
Fomentar el trabajo en equipo y la colaboración entre colegas para promover un ambiente de apoyo y aprendizaje mutuo.

– Reporte de incidentes
Reportar cualquier incidente, accidente o situación de riesgo al supervisor o responsable del laboratorio de manera inmediata para tomar las medidas necesarias y prevenir futuros incidentes.

Práctica 1. Geotextiles

Resistencia microbiológica mediante un ensayo de enterramiento en el suelo

Introducción

Los geosintéticos y geotextiles son componentes fundamentales en la ingeniería civil y ambiental, desempeñando un papel crucial en una amplia gama de aplicaciones. Estos materiales sintéticos están diseñados para fortalecer el suelo, controlar la erosión, mejorar la estabilidad de las estructuras y proporcionar soluciones eficaces en proyectos de construcción y gestión del medio ambiente.

Los geosintéticos son productos fabricados a partir de polímeros sintéticos como el polipropileno, polietileno, poliéster y poliamida. Estos materiales se utilizan en forma de láminas, mallas, georedes, geocompuestos y otros formatos específicos según la aplicación requerida. Los geotextiles, por otro lado, son un tipo específico de geosintético que consiste en telas permeables con diferentes características de filtración, drenaje y separación.

Una de las aplicaciones más comunes de los geotextiles es en la construcción de carreteras y ferrocarriles. Se colocan debajo de la capa de pavimento para evitar la mezcla de materiales, proporcionar drenaje y mejorar la estabilidad del suelo. Además, los geotextiles se utilizan en la construcción de terraplenes y muros de contención para controlar la erosión del suelo y aumentar la durabilidad de las estructuras.

En proyectos de ingeniería hidráulica, los geosintéticos desempeñan un papel vital en la protección de costas, la estabilización de taludes y la gestión de aguas pluviales. Las georedes y geotubos se utilizan para crear estructuras de protección costera que reducen la erosión causada por las olas y las corrientes. Además, los geosintéticos se utilizan en la construcción de revestimientos de canales, embalses y estanques para prevenir la filtración de agua y mejorar la eficiencia del almacenamiento.

En el ámbito de la gestión de residuos, los geosintéticos desempeñan un papel crucial en la construcción de vertederos y rellenos sanitarios. Las geomembranas se utilizan como barreras impermeables para evitar la contaminación del suelo y las aguas subterráneas por lixiviados tóxicos. Los geocompuestos drenantes se utilizan para facilitar el drenaje de los vertederos y reducir la acumulación de gases.

Además de sus aplicaciones en la construcción y gestión de infraestructuras, los geosintéticos también se utilizan en proyectos de paisajismo y restauración ambiental. Se emplean en la estabilización de taludes en pendientes naturales, la restauración de áreas degradadas y la protección de la vegetación contra la erosión.

En resumen, los geosintéticos y geotextiles son materiales versátiles y eficaces que desempeñan un papel fundamental en la ingeniería civil y ambiental. Su capacidad para mejorar la estabilidad del suelo, controlar la erosión, proporcionar drenaje y crear barreras impermeables los convierte en elementos indispensables en una amplia variedad de aplicaciones, desde la construcción de infraestructuras hasta la gestión sostenible del medio ambiente.

El marcado CE es un requisito fundamental para la comercialización de productos en el Espacio Económico Europeo (EEE), que incluye a los países miembros de la Unión Europea (UE) y algunos otros países asociados. Para los geosintéticos, el marcado CE es un indicador de conformidad con los estándares de calidad y seguridad establecidos por la legislación europea.

El marcado CE para geosintéticos implica que el producto cumple con los requisitos esenciales de las Directivas europeas aplicables y que ha sido evaluado según los procedimientos de evaluación de la conformidad correspondientes. La Directiva de Productos de Construcción (DPC), 89/106/CEE, es una de las más relevantes en este contexto.

La DPC establece los requisitos armonizados para los productos de construcción, incluidos los geosintéticos, que se utilizan en obras de ingeniería civil y construcción. Estos requisitos pueden incluir características técnicas, rendimiento, seguridad, durabilidad y otros aspectos relevantes para garantizar la idoneidad y calidad del producto.

Para obtener el marcado CE, los fabricantes de geosintéticos deben seguir un proceso que incluye:

1. **Evaluación de la conformidad:** los fabricantes deben realizar pruebas y evaluaciones para demostrar que sus productos cumplen con los requisitos esenciales de las Directivas aplicables. Esto puede implicar pruebas de laboratorio para verificar propiedades como resistencia mecánica, permeabilidad, durabilidad, comportamiento frente a la degradación, entre otros.

2. **Elaboración de la Declaración de Conformidad:** una vez que se ha demostrado la conformidad del producto, el fabricante emite una Declaración de Conformidad que certifica que el producto cumple con los requisitos aplicables de la legislación europea. Esta declaración debe acompañar al producto y estar disponible para las autoridades competentes en caso de ser requerida.

3. **Marcado CE:** una vez completados los pasos anteriores, el fabricante puede aplicar el marcado CE en el producto. Este marcado indica que el producto cumple con los requisitos de la legislación europea y puede ser comercializado y utilizado en el EEE.

En cuanto a la normativa específica aplicable a los geosintéticos, la norma armonizada EN 13252:2010 "Geotextiles y productos relacionados: especificaciones de productos" es una referencia importante. Esta norma establece los requisitos y métodos de ensayo para geotextiles y productos relacionados utilizados en aplicaciones geotécnicas. Además de la normativa europea, los geosintéticos también pueden estar sujetos a normativas nacionales específicas de cada país dentro del EEE, así como a normativas sectoriales adicionales según el uso específico del producto.

Esta norma europea detalla un procedimiento para evaluar la resistencia microbiológica de geotextiles y productos afines, a través de un ensayo que implica enterrarlos en el suelo. Sin embargo, no establece la obligatoriedad de este ensayo para ningún tipo específico de productos ni para qué aplicaciones se requiere. En cambio, se debe recurrir al marcado CE para determinar el uso obligatorio en cada caso particular.

El ensayo implica exponer las muestras a la acción de los microorganismos presentes en el suelo bajo condiciones específicas. Al término de la exposición, las muestras son evaluadas visualmente, tanto antes como después de ser limpiadas, y se someten a pruebas para medir sus propiedades físicas. Para la realización de esta práctica se siguen las instrucciones y requerimientos recogidos en la norma UNE-EN 12225.

Materiales

- Tamizador de 4 mm
- 1 g de nitrato amónico
- 0,2 g de dihidrogenofosfato
- Tejido algodón 250 g/m² blanqueado sin tratar
- Contenedores 15-20 cm de altura
- Etanol

Metodología

Preparación del suelo de ensayo

Calculo el contenido de agua

Relación entre la masa de agua y la masa de las sustancias sólidas en seco, expresada en porcentaje.

$$w = \frac{m_w}{m_s}$$
$$= \frac{masa\ del\ suelo\ tal\ como\ se\ usa - masa\ del\ suelo\ secada\ en\ estufa}{masa\ de\ suelo\ secada\ en\ estufa}\ x\ 100\%$$

Suelo de ensayo

El suelo de prueba debe albergar una diversidad de microorganismos. Para garantizar una actividad óptima en toda la población microbiana, el contenido de humedad del suelo debe mantenerse en un 60 %.

La cantidad de agua se determina mediante el secado de 100 g de suelo en una capa delgada, entre 103 ºC y 105 ºC, hasta que la masa se mantenga constante dentro de un margen del 1 % (generalmente, durante 24 horas). Si el contenido de agua del suelo de prueba es excesivo, este se seca en capas delgadas en la atmósfera del laboratorio. No se permite el calentamiento directo, ya que podría alterar la microflora presente. Para aumentar el contenido de agua, se puede emplear una solución compuesta por 1 g de nitrato amónico y 0,2 g de dihidrogenofosfato potásico disueltos en 1 litro de agua.

El suelo natural utilizado debe ser tamizado para eliminar cualquier partícula con un diámetro superior a 4 mm.

El suelo de prueba debe albergar una diversidad de microorganismos. Para garantizar una actividad óptima en toda la población microbiana, el contenido de humedad del suelo debe mantenerse en un 60 %.

Procedimiento operativo para enterramiento

Las tiras de tejido de algodón, con una longitud de 100 mm y un ancho de 25 mm, se entierran en el suelo de prueba durante un período de siete días. Tras esta exposición, se espera que la resistencia a la tracción de las tiras de algodón sea inferior al 25 % de su resistencia a la tracción original. En caso de no cumplir con este criterio, se recomienda reemplazar el suelo de prueba por uno con mayor actividad biológica.

En cada contenedor de suelo se colocan al menos dos probetas de 100 mm de longitud y 25 mm de ancho, junto con una tira de algodón de dimensiones similares. Estas muestras se entierran a una profundidad aproximada de 100 mm, asegurando un buen contacto con el suelo de prueba. Es importante que los contenedores permitan el intercambio de oxígeno y no estén sellados herméticamente.

Después del ensayo de enterramiento en el suelo, se recomienda utilizar una solución desinfectante y de limpieza compuesta por una mezcla de etanol y agua en una proporción de 70:30.

Resultados

Por último, se realizará una valoración de la degradación que hayan podido sufrir las probetas testeadas y las de control de algodón. En primer lugar, se realiza una revisión visual y en segundo un ensayo dinamométrico para ver su resistencia a la tracción. Recordemos que la resistencia a la tracción en las tiras de algodón se debe haber reducido al menos un 25 %, en caso contrario la acción de la tierra no habrá sido la adecuada y no se dará por valido el ensayo.

Práctica 2.
Mascarillas higiénicas
Determinación de la respirabilidad

Introducción

Las mascarillas son un accesorio complementario de gran importancia que se suman a las acciones preventivas que se adaptan a la hora de mantener la distancia con otras personas, recomendadas por el Ministerio de Sanidad en el contexto de la pandemia de la COVID-19. Estas mascarillas deben cubrir toda la zona facil compuesta por nariz y boca, y pueden estar sujetas alrededor de la cabeza o a las orejas mediante un arnés. Pueden ser de un solo uso o de varios en caso de las reutilizables y en su composición pueden tener una sola lamina textil o varias capas.

Las mascarillas higiénicas se han convertido en un elemento indispensable en la vida cotidiana, especialmente en situaciones donde se requiere protección contra la propagación de enfermedades, como durante la pandemia de COVID-19. Estas mascarillas, diseñadas para proteger tanto al usuario como a quienes lo rodean, se han diversificado en distintos tipos, cada uno con sus propias características y niveles de protección.

En primer lugar, existen las mascarillas quirúrgicas, que son las más comunes y reconocibles. Estas mascarillas están hechas de polipropileno y están diseñadas para atrapar gotas respiratorias que puedan contener virus o bacterias. Son de un solo uso y se ajustan cómodamente alrededor de la nariz y la boca, utilizando gomas elásticas para sujetarse detrás de las orejas. Las mascarillas quirúrgicas son efectivas para prevenir la propagación de enfermedades, especialmente al proteger a otros de las secreciones respiratorias del usuario.

Otro tipo de mascarillas higiénicas son las mascarillas de tela reutilizables. Estas mascarillas están confeccionadas con diversos materiales textiles, como algodón, poliéster o mezclas de ambos. A menudo tienen múltiples capas y pueden incluir un bolsillo para insertar un filtro adicional para mejorar la protección. Las mascarillas de tela son lavables y reutilizables, lo que las hace más económicas y respetuosas con el medio ambiente a largo plazo en comparación con las mascarillas quirúrgicas de un solo uso. Sin embargo, su eficacia puede variar dependiendo del tipo de tela y del ajuste adecuado.

También están las mascarillas FFP (siglas en inglés de *Filtering Face Piece*), que se clasifican en tres niveles de protección: FFP1, FFP2 y FFP3. Estas mascarillas están diseñadas para filtrar partículas en el aire, incluidos virus y bacterias. Las mascarillas FFP1 ofrecen el nivel más bajo de protección, mientras que las FFP3 brindan el nivel más alto de filtración. Son más ajustadas al rostro que las mascarillas quirúrgicas y suelen tener una válvula de exhalación para facilitar la respiración. Las mascarillas FFP son ampliamente utilizadas en entornos de riesgo, como hospitales y laboratorios, donde se requiere una protección respiratoria avanzada.

La diferencia principal entre estos tipos de mascarillas higiénicas radica en su nivel de filtración y protección, así como en su durabilidad y comodidad de uso. Las mascarillas quirúrgicas y de tela son adecuadas para su uso en entornos cotidianos donde el riesgo de exposición es bajo o moderado, mientras que las mascarillas FFP son más adecuadas para entornos de alto riesgo donde se requiere una protección respiratoria más avanzada.

Es importante tener en cuenta que ninguna mascarilla es completamente infalible y que el uso adecuado, incluido el lavado de manos frecuente y el mantenimiento de la distancia física, sigue siendo fundamental para prevenir la propagación de enfermedades infecciosas. La elección del tipo de mascarilla higiénica adecuada dependerá del entorno y del nivel de riesgo individual, así como de las recomendaciones de las autoridades sanitarias locales.

En el caso de las mascarillas reutilizables, el fabricante especificará el número máximo de lavados recomendados. Más allá de este límite, no se garantiza la eficacia de la mascarilla y se sugiere su reemplazo. Por otro lado, las mascarillas de un solo no deben volverse a utilizar después de su uso recomendado. Por razones de comodidad e higiene, se aconseja no utilizar la mascarilla durante más de 4 horas. Además, si la mascarilla se humedece o se deteriora debido al uso, se recomienda sustituirla por otra nueva.

Es importante prestar atención a cualquier indicación sobre ensayos y sus resultados proporcionados por el fabricante. La referencia a la norma UNE asegura el cumplimiento de un estándar de calidad específico:

Mascarillas con especificaciones UNE	Eficacia de Filtración Bacteriana (EFB)	Respirabilidad
No reutilizables	Igual o superior al 95 %	Inferior a 60 Pa/cm^2
Reutilizables	Igual o superior al 90 %	

Materiales y equipos

- Mascarillas de diversos tipos: reutilizables, desechables FFP1 y FFP2
- Tijeras
- Airflow

Procedimiento operativo

La normativa a seguir para llevar a cabo el ensayo incluye la UNE-EN 14683:2019+AC, que aborda las mascarillas quirúrgicas y sus requisitos y métodos de ensayo, específicamente el Anexo C que detalla el método para la determinación de la respirabilidad, medida mediante la presión diferencial. Además, se hace referencia a la norma UNE 0065:2021, que se centra en mascarillas higiénicas reutilizables para adultos y población infantil, abarcando los requisitos relacionados con materiales, diseño, confección, marcado y uso.

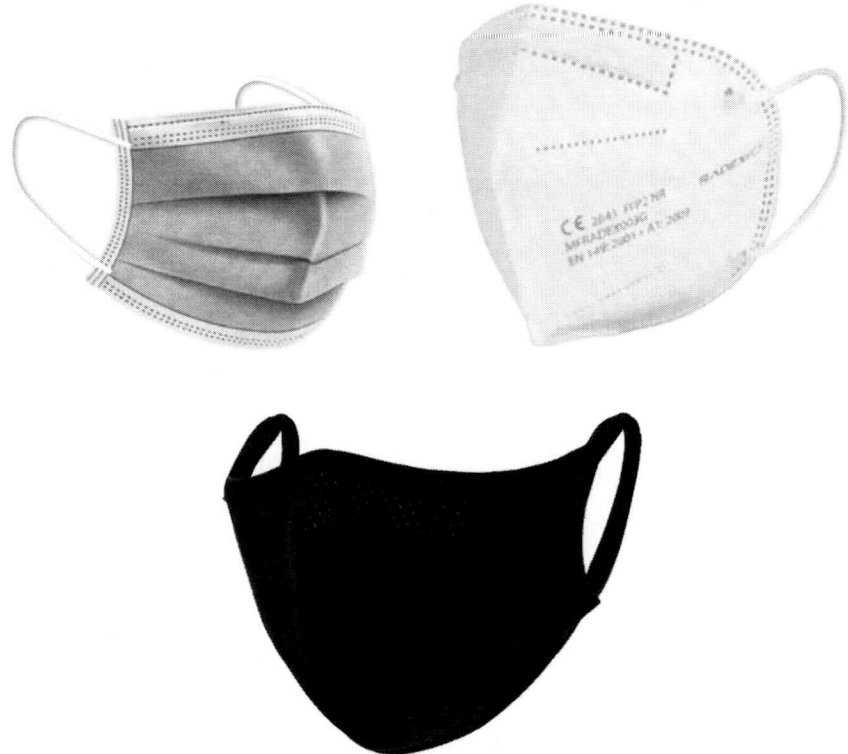

La presión diferencial, definida como la permeabilidad al aire de la mascarilla, se evalúa midiendo la diferencia de presión a través de la misma bajo condiciones específicas de flujo, temperatura y humedad del aire. Este parámetro sirve como indicador de la respirabilidad de la mascarilla.

El equipo utilizado directamente mide la diferencia de presión aplicada al material de la mascarilla, expresada en Pascales (Pa). Este ensayo se lleva a cabo tanto en mascarillas higiénicas reutilizables como en mascarillas quirúrgicas.

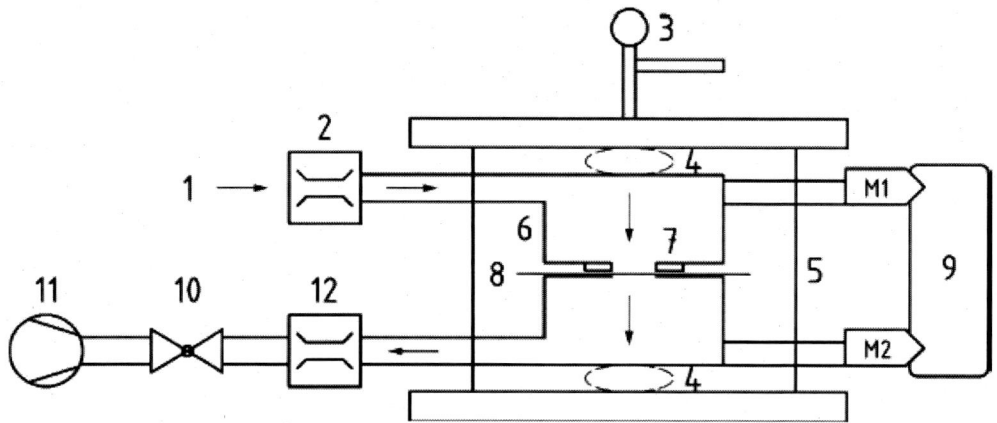

Figura 1. Aparato de ensayo para medir la presión diferencial. (Fuente: norma UNE-EN 14683)

1. Entrada de aire

2. Caudalímetro másico

3. Palanca para la fijación mecánica

4. Sistema para el ajuste final de la presión

5. Sistema que garantiza la alineación óptima de las 2 partes del soporte de la muestra

6. Soporte de la muestra con un mecanismo de sellado metálico

7. Anillo metálico (espeso 3 mm)

8. Material del filtro

9. Manómetro diferencial o manómetros M1 y M2

10. Válvula

11. Bomba de vacío incluyendo un tanque regulador de la presión

12. Caudalímetro másico para verificación de la ausencia de fugas

Procedimiento para seguir:

- Colocar la muestra de mascarilla a ensayar (asegurarse de que está bien cerrado soporte y tornillos)
- Poner a cero el medidor
- Abrir el aire comprimido
- Abrir la llave de paso del aire
- Regular el caudalímetro de entrada de aire a 8 l/min
- Esperar sobre 1-2 minutos a que se estabilice el valor de diferencia de presión
- Anotar el valor obtenido (lo que muestra el equipo de Airflow)

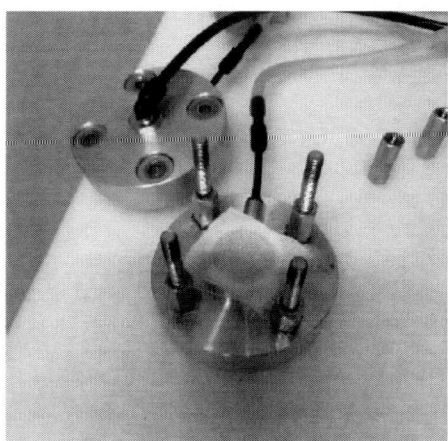
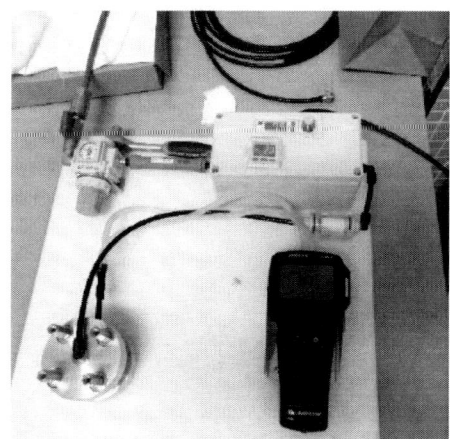

Resultados

Ensayo	Criterio de aceptación				
	Higiénicas no reutilizables	Higiénicas reutilizables	Quirúrgicas		
			Tipo I	Tipo I	Tipo IIR
Respirabilidad presión diferencial	< 60	< 60	< 40	< 40	< 60

Tengamos en cuenta que los resultados se expresan en Pa/cm^2 por lo que habrá que calcular el área que se ha sometido a ensayo ya que la lectura que se recoge es únicamente de la diferencia de presión.

Práctica 3. Productos sanitarios no activos

Requisitos funcionales para la gasa de algodón

Introducción

Los productos sanitarios, esenciales en la atención médica, se dividen en dos categorías principales: productos sanitarios activos y no activos. Los productos sanitarios activos, como los medicamentos y los dispositivos médicos, tienen una acción terapéutica directa en el paciente. Por otro lado, los productos sanitarios no activos, como las gasas de algodón, no tienen una acción terapéutica directa, pero son igualmente fundamentales en la práctica médica.

Las gasas de algodón son un ejemplo vital de productos sanitarios no activos. Están fabricadas principalmente con fibras de algodón, un material suave, absorbente y no irritante que se adapta bien a la piel. Las gasas de algodón se utilizan en una amplia variedad de aplicaciones médicas debido a su versatilidad y propiedades útiles.

Una de las funciones más comunes de las gasas de algodón es la limpieza y el cuidado de heridas. Se utilizan para limpiar y secar heridas antes de aplicar vendajes o apósitos. La alta capacidad de absorción del algodón ayuda a eliminar la humedad y las impurezas de la herida, creando un entorno propicio para la curación.

Además, las gasas de algodón se utilizan en procedimientos quirúrgicos para absorber sangre y otros fluidos corporales. Su capacidad para controlar el sangrado y mantener la zona quirúrgica limpia es fundamental para prevenir infecciones y facilitar una recuperación exitosa.

Las gasas de algodón también se utilizan en la aplicación de medicamentos tópicos, como cremas y ungüentos. La suavidad y la capacidad de absorción del algodón permiten una aplicación uniforme y eficaz de los medicamentos, garantizando su correcta absorción por parte de la piel.

En el ámbito de la higiene personal, las gasas de algodón son utilizadas para la limpieza y el cuidado de la piel delicada, como la de los bebés. Su suavidad y capacidad de absorción las hacen ideales para limpiar el área del pañal y aplicar productos de cuidado de la piel sin causar irritación.

Así pues, las gasas de algodón son productos sanitarios no activos que desempeñan un papel fundamental en la atención médica y la higiene personal. Su versatilidad, suavidad y capacidad de absorción las convierten en herramientas indispensables en una amplia gama de aplicaciones médicas y sanitarias. La correcta utilización de las gasas de algodón contribuye a mantener la limpieza, prevenir infecciones y promover una recuperación rápida y exitosa en pacientes de todas las edades.

La valoración de materiales textiles resulta esencial para asegurar su calidad y adaptación a una variedad de usos, que abarcan desde aplicaciones médicas hasta industriales. En esta práctica, nos enfocaremos en la caracterización de la gasa de algodón y la gasa de algodón-viscosa, indagando en propiedades como la higroscopicidad, acidez, alcalinidad, fluorescencia y resistencia mecánica. Estos análisis proporcionarán datos cruciales sobre la idoneidad y el desempeño de estos materiales en distintos ámbitos de aplicación. Para la realización de esta práctica se utilizan los métodos descritos y requeridos en la norma UNE-EN 1644-1 y UNE-EN 14079.

Objetivos

a) Evaluar la capacidad higroscópica de la gasa de algodón y la gasa de algodón-viscosa mediante la determinación de la cantidad de agua absorbida.

b) Determinar la acidez y alcalinidad de las muestras utilizando indicadores de pH como fenolftaleína y anaranjado de metilo.

c) Investigar la presencia de sustancias solubles en agua en las muestras de gasa y establecer su concentración.

d) Analizar la fluorescencia de las muestras bajo luz ultravioleta para evaluar posibles impurezas o contaminantes.

e) Medir la resistencia mecánica de las muestras mediante pruebas de carga de rotura y pérdida de masa a sequedad, proporcionando datos sobre su durabilidad y manipulación segura en aplicaciones prácticas.

Materiales

- Gasa de algodón y algodón-viscosa
- Cinta de gasa de algodón y algodón-viscosa
- Fenolftaleína
- Anaranjado de metilo
- Ácido acético
- Iodo
- Cuenta hilos

Proceso experimental

Sustancias tensioactivas

Se añaden 15 gramos de material a 150 mililitros de agua en un recipiente, que luego se tapa y se deja reposar durante un periodo de 120 minutos. Tras este tiempo, se extraen 10 mililitros de la solución sin filtrar para llevar a cabo el ensayo. Este líquido se introduce en un balón aforado de vidrio, el cual se enjuaga previamente con ácido sulfúrico y luego con agua. A continuación, se agita vigorosamente durante 30 veces en un intervalo de 10 segundos, se deja reposar por un minuto y se repite la misma agitación. Posteriormente, se vierte la solución en una probeta de 20 milímetros y se deja reposar durante 5 minutos. Luego, se mide la altura de la espuma formada sobre la superficie del líquido.

VERIFICACIÓN: no debe exceder los 2 mm de altura.

Acidez y alcalinidad

La fenolftaleína es un indicador de pH que permanece incoloro en soluciones ácidas, mientras que en soluciones básicas adquiere un color rosado con un punto de viraje entre pH=8,2 (sin color) y pH=10 (magenta o rosado). Por otro lado, el naranja de metilo es un colorante azoderivado y un indicador de pH que cambia de color de rojo a naranja-amarillo en un rango de pH entre 3,1 y 4,4.

VERIFICACIÓN: cuando se somete a ensayo las muestras, ninguna de las soluciones debe ser rosa.

Reactivos

Solución de fenolftaleína. Se disuelven 0,1 g ± 0,01 g de solución de fenolftaleína en 80 ml de etanol y se completa hasta 100 ml con agua.

Solución de anaranjado de metilo. Se disuelven 0,1 g ± 0,01 g de anaranjado de metilo en 80 ml ± 0,5 ml de agua y se completa hasta 100 ml ± 0,5 ml con etanol.

Ensayo

A 25 ml ± 0,5 ml de solución del Apartado 3.1 antes de agitarla a la que se añaden 0,15 ml ± 0,01 ml de solución de fenolftaleína y a otra porción de 25 ml ± 0,5 ml de solución se añaden 0,05 ml ± 0,001 ml de solución de anaranjado de metilo.

Fluorescencia

VERIFICACIÓN: cuando se examina una capa doble bajo luz ultravioleta a 365 nm, solo debería observarse una leve fluorescencia de tonalidad marrón-violácea y algunas partículas amarillas. A menos que se trate de unas pocas fibras aisladas, no debería detectarse ninguna fluorescencia azul intensa.

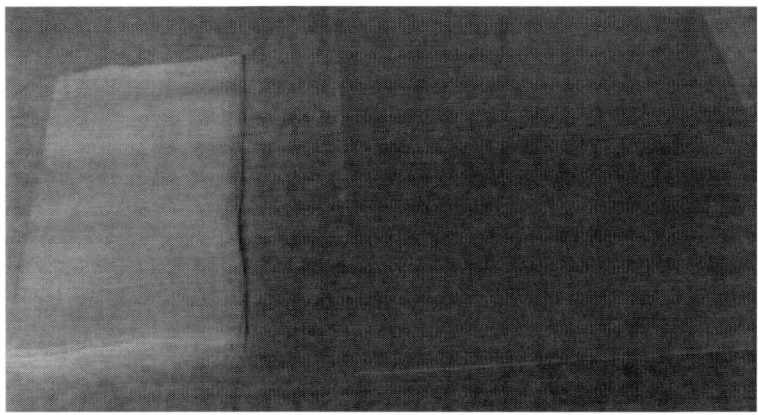

Recuento de hilos

Para la gasa de algodón absorbente, se procede a contar el número de hilos tanto de la urdimbre como de la trama en una pieza cuadrada de 100 mm de lado, la cual se selecciona cuidadosamente lejos de los bordes. Este proceso se repite dos veces en dos lugares diferentes, garantizando así una distribución adecuada de los recuentos en ambas direcciones sobre la muestra sujeta a prueba.

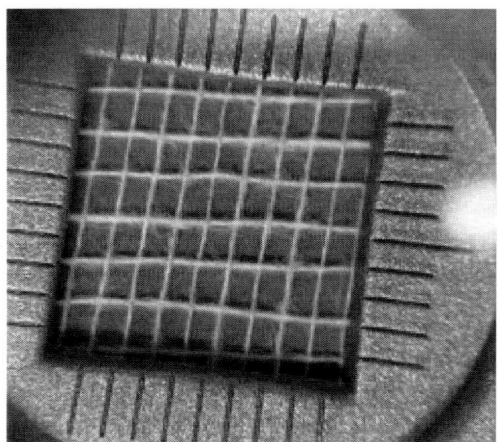

VERIFICACIÓN: la verificación de estos recuentos de hilos se realiza calculando la media de los tres recuentos individuales obtenidos. Se compara este valor con los datos proporcionados en la Tabla 1 y Tabla 2 (ver Anexo) correspondientes al tipo específico de gasa sometida a examen.

Masa por unidad de superficie

Se procede a pesar una pieza de gasa de algodón absorbente de exactamente 1 metro de longitud, utilizando la anchura total. En el caso de apósitos más pequeños, se seleccionan piezas con una superficie no inferior a 2,5 dm^2, asegurando así una superficie total de al menos 50 dm^2. Posteriormente, se calcula la masa por metro cuadrado. Esta masa no debe ser inferior al valor especificado en la Tabla 1 y Tabla 2 para el tipo de gasa que está siendo sometida a ensayo.

Para determinar la masa de la gasa de algodón absorbente o de la gasa de cinta de algodón y viscosa absorbente completa, se calcula su área multiplicando la anchura nominal por la longitud, medidas sobre la gasa desenrollada bajo una tensión suave a lo largo del centro. Luego, se calcula la masa por metro cuadrado.

> **VERIFICACIÓN:** la verificación se lleva a cabo comparando el valor obtenido con el valor indicado en la Tabla 1 para el tipo de gasa que está siendo evaluada.

Tiempo de hundimiento

Se procede a llenar un vaso de precipitados de 110-120 mm hasta una profundidad de 100 mm con agua destilada. Luego, se toma una pieza de gasa que tenga un peso aproximado de 1 gramo, la cual se pliega cuatro veces y se alisa adecuadamente. En el caso de la gasa de cinta estrecha, se pliega lo necesario para obtener una longitud inferior a 80 mm.

A continuación, se coloca suavemente la gasa sobre la superficie del agua en el vaso y se inicia el cronometraje para medir el tiempo que tarda en hundirse por debajo de la superficie del agua. Este proceso se repite tres veces para obtener una muestra representativa y se calcula la media de los tiempos obtenidos.

> **VERIFICACIÓN:** para dar la conformidad al producto el tiempo de hundimiento no debe ser superior a 10 s.

Sustancias solubles en agua

Se procede a hervir 7,00 g ± 1 g de gasa en 700 ml ± 10 ml de agua durante 30 minutos, agitando regularmente y reponiendo el agua perdida por evaporación. Luego de la cocción, se decanta el líquido y se elimina el exceso de líquido residual del material utilizando una varilla de vidrio, seguido de una mezcla adecuada. Se separan 200 ml del líquido para realizar el ensayo de almidón y dextrina (consulte el apartado de la página siguiente denominado «Presencia de almidón y dextrina»), mientras que el líquido restante se filtra mientras aún está caliente.

Se procede a tarar o anotar el peso de un vaso de precipitados donde se evaporan 400 ml del extracto, seguido de la sequedad del residuo hasta alcanzar una masa constante a una temperatura entre 100 °C y 105 °C. Posteriormente, se calcula el residuo basado en los pesos reales obtenidos.

$$S.S = \frac{\text{peso sustancia soluble}}{\text{peso agua}} \; x \; 100$$

VERIFICACIÓN: la cantidad de sustancias solubles en agua no debe ser superior a 0,50 %.

Presencia de almidón y dextrina

Se dejan enfriar los 200 ml del extracto sin filtrar reservado en el ensayo de sustancias solubles en agua (véase el el apartado de la página anterior denominado «Sustancias solubles en agua») y se añaden 5 ml de ácido acético y 0,15 ml de solución 0,1 N de iodo.

VERIFICACIÓN: la solución no debe mostrar ningún color azul, violeta, rojizo ni marrón.

Pérdida de masa a sequedad

Se procede a pesar la muestra, aproximadamente 5 g (W_1), con una precisión de dos dígitos. Posteriormente, se coloca la muestra en una estufa precalentada a una temperatura entre 100 °C y 105 °C y se deja durante 30 minutos para su secado. Luego, se retira la muestra del horno utilizando un medio adecuado y se deja reposar durante 5 minutos.

Después del período de reposo, se vuelve a pesar la muestra con una precisión de dos dígitos (W_2). Finalmente, se calcula la pérdida de masa como un porcentaje utilizando la siguiente fórmula:

$$perdida\ de\ masa = \frac{W_1 - W_2}{W_1} \; x \; 100$$

VERIFICACIÓN: la pérdida de masa a sequedad no debe ser superior al 8,0 %.

Carga de rotura

Se procede a preparar diez piezas, distribuidas en cinco cortadas en la dirección de la trama y cinco en la dirección de la urdimbre, asegurándose de que estén ubicadas a una distancia de al menos 15 mm de los bordes y evitando áreas con arrugas o deshilachados. Cada pieza debe tener una anchura de 50 mm y una longitud suficiente para permitir que las abrazaderas del aparato de tracción estén separadas por 200 mm cuando la pieza se inserte en él.

Luego, se asegura cada pieza a ensayar entre las mordazas de un aparato de tracción ajustado a una velocidad de tracción transversal constante. Se aplica una velocidad de tracción de 100 mm ± 10 mm por minuto durante el ensayo.

VERIFICACIÓN: la carga de rotura mínima en Newton por 50 mm debe ser la especificada en la Tabla 1 y Tabla 2.

Anexo I

Tabla 1. Requisitos textiles y físicos de la gasa de algodón absorbente

Tipo (número de hilos por cm²)	Hilos de urdimbre por 100 mm	Carga de rotura mínima en Newton por 50 mm en dirección de la urdimbre	Hilos en la trama por 100 mm	Carga de rotura mínima en Newton por 50 mm en dirección de la trama	Masa mínima en g/m²
12	73 ± 4	–	45 ± 4	–	13,0
13 ligeros	73 ± 4	–	57 ± 4	–	14,0
13 fuertes	70 ± 4	35	60 ± 4	20	17,0
17	100 ± 5	50	70 ± 4	30	23,0
18	100 ± 5	50	80 ± 5	30	24,0
20	120 ± 6	60	80 ± 5	35	27,0
22	120 ± 6	60	100 ± 5	40	30,0
24 a	120 ± 6	60	120 ± 6	50	32,0
24 b	140 ± 6	70	100 ± 6	40	32,0

Tabla 2. Requisitos textiles y físicos de gasa de cinta de algodón absorbente y de gasa de cinta de algodón y viscosa absorbente

Tipo (número de hilos por cm²)	Hilos de urdimbre por 100 mm	Carga de rotura mínima en Newton por 50 mm en dirección de la urdimbre	Hilos en la trama por 100 mm	Masa mínima en g/m²
22 a	120 ± 3*	60	100 ± 5	33,5
22 b	120 ± 3*	60	100 ± 5	44,0
24 a	120 ± 3*	60	120 ± 6	36,0

* Los límites se aumentan a ± 4 para gasa de cinta de 25 mm o 50 mm de anchura, y a ± 8 para gasa de cinta de 12,5 mm de anchura.

Práctica 4. Automoción
Requisitos funcionales para los tejidos destinados al uso en automoción

Introducción y objetivo

La ISO/TS (Technical Specification) en el ámbito de la automoción, específicamente conocida como ISO/TS 16949, es un estándar técnico internacional que establece los requisitos de un sistema de gestión de la calidad para las organizaciones en la industria automotriz. Este estándar fue desarrollado por la International Automotive Task Force (IATF), en colaboración con la International Organization for Standardization (ISO), con el objetivo de armonizar los sistemas de gestión de calidad en la cadena de suministro automotriz a nivel mundial.

La ISO/TS 16949 se basa en los principios de la ISO 9001, el estándar internacional para sistemas de gestión de calidad, y agrega requisitos específicos adicionales para la industria automotriz. Estos requisitos adicionales están diseñados para garantizar la calidad y la seguridad de los productos automotrices, así como para promover la mejora continua y la eficiencia en todos los procesos relacionados con el diseño, la producción y la distribución de vehículos y componentes.

Entre los principales aspectos que aborda la ISO/TS 16949 se encuentran:

1. **Gestión de la calidad:** establece los requisitos para un sistema de gestión de calidad efectivo, incluyendo la definición de políticas de calidad, la asignación de responsabilidades, la realización de auditorías internas y la implementación de acciones correctivas y preventivas.

2. **Gestión de procesos:** enfoca en la identificación, el control y la mejora de los procesos clave en la cadena de suministro automotriz, desde el diseño y desarrollo de productos hasta la producción, la distribución y el servicio postventa.

3. **Gestión de proveedores:** establece criterios para la selección y evaluación de proveedores, así como para la gestión de relaciones con los mismos, con el objetivo de garantizar la calidad y la fiabilidad de los productos y servicios suministrados.

4. **Mejora continua:** promueve la cultura de mejora continua en toda la organización, fomentando la innovación, la eficiencia y la satisfacción del cliente a través de la revisión periódica de procesos y resultados.

La ISO/TS 16949 es ampliamente reconocida y aceptada en la industria automotriz a nivel mundial como un estándar de referencia para la calidad y la gestión empresarial. Su implementación ayuda a las organizaciones a cumplir con los requisitos de los fabricantes de automóviles y a mejorar su competitividad en el mercado global, al tiempo que fortalece la confianza de los clientes y la satisfacción del consumidor final.

Es importante destacar que la ISO/TS 16949 ha sido reemplazada por la norma IATF 16949:2016, la cual fue desarrollada por la IATF como sucesora de la ISO/TS 16949 y sigue manteniendo los mismos objetivos y requisitos fundamentales para la gestión de la calidad en la industria automotriz.

Los tejidos para tapicería de automoción deben cumplir una serie de requisitos para su correcto uso y aplicación. Dentro de estos requisitos podemos encontrar la capacidad de ensuciamiento y limpieza de materiales de automoción, así como diferentes solideces que debe mostrar el tejido al lavado, al frote, etc.

Los tejidos utilizados en la industria automotriz están sujetos a una serie de requisitos técnicos exigentes debido a su papel crítico en la fabricación de vehículos modernos. Estos materiales deben cumplir una variedad de criterios para garantizar su idoneidad y rendimiento en diferentes aplicaciones dentro del automóvil. En primer lugar, deben ser duraderos y resistentes para soportar las demandas de uso diario, incluidos factores como la abrasión, la fricción y la exposición a condiciones ambientales adversas.

Además, deben ser ligeros para ayudar a mejorar la eficiencia del combustible y reducir las emisiones, sin comprometer la resistencia estructural. La capacidad de resistir altas temperaturas y productos químicos es esencial, ya que los tejidos pueden estar expuestos a condiciones extremas dentro del vehículo. Además, se espera que estos materiales sean fácilmente moldeables y adaptables a diferentes formas y diseños, lo que permite su integración en los distintos componentes del automóvil, desde los asientos hasta los paneles interiores y exteriores. En resumen, los requisitos técnicos para los tejidos de automoción abarcan una combinación de resistencia, durabilidad, ligereza y versatilidad para satisfacer las demandas de la industria automotriz moderna.

Objetivo

El objetivo de la práctica es conocer la capacidad o facilidad de limpieza que tienen algunos materiales del interior de los vehículos (por ejemplo, tapicerías), cuando son ensuciados previamente (a propósito) y posteriormente son limpiados con agentes especiales que indican las normas. El resultado será la comparación entre la zona de la muestra original y la zona de la muestra ensayada. Esta valoración será mediante escala de grises.

Materiales

- Agua destilada
- Ácido sulfúrico
- Sosa causticas
- Butanol
- Xileno
- Traje de buzo

Proceso experimental

Solidez del color al agua del mar

Las probetas del textil (40 x 100 mm) en contacto con los tejidos testigos se sumergen en una disolución de cloruro de sodio (ClNa sal de mesa) se escurren y se colocan en un perspirómetro entre dos placas de vidrio a la presión de 12,5 kPa.

Procedimiento

Se prepara una probeta junto con los tejidos testigos correspondientes, los cuales son cosidos por uno de sus lados cortos. Estos tejidos consisten en una muestra del componente mayoritario y otro de la segunda fibra más abundante. Posteriormente, son sumergidos en una disolución de cloruro sódico (NaCl), comúnmente conocida como sal, con una concentración de 30 g/l, en una proporción de 1:50 en relación al volumen de la disolución respecto al tejido, durante un tiempo de 30 minutos. Después de retirarlos de la disolución, se procede a eliminar el exceso de líquido pasando las probetas entre dos varillas. Seguidamente, se colocan entre placas de vidrio de dimensiones 60 x 115 mm y se dejan reposar durante 4 horas a una temperatura de 37,5 °C ± 2 en una estufa dentro de un perspirómetro, bajo una presión de 12.5 kPa. Finalmente, las probetas se extraen y secan, para posteriormente ser evaluadas utilizando escalas de grises.

Ensuciamiento y limpieza

Todas las muestras deben ser acondicionadas durante 24 horas a:

- Temperatura = 23 ± 2 °C
- Humedad relativa = 50 ± 5 %

El tamaño de las muestras es de (127 x 127 mm) y el área de manchado tiene un diámetro de 57 mm. La muestra seleccionada es una tapicería con un tejido de color gris oscuro.

Procedimiento

Se procederá a la aplicación de dos agentes de ensuciamiento en las muestras:

a) Para la grasa, se aplicarán 0,2 g de este compuesto distribuidos uniformemente en el centro de la probeta, respetando un diámetro de 57 mm. Se utilizará un aplicador para lograr una capa homogénea.

b) Respecto al café, se depositarán gotas del mismo sobre la superficie de la muestra, distribuyendo la mancha para cubrir un diámetro de 57 mm.

Después de ensuciar las muestras con los agentes mencionados, se dejarán secar a temperatura ambiente durante una hora. Luego, se llevará a cabo la limpieza utilizando un detergente, cubriendo la mitad de la probeta con una gasa. La otra mitad servirá como referencia para evaluar la efectividad de la limpieza.

Para la limpieza, se empleará el agente KRAFFT. Se humedecerá un tejido de algodón con este detergente y se frotará sobre la muestra durante aproximadamente un minuto, aplicando una fuerza uniforme con una frecuencia de 1/2 ciclos por segundo.

La evaluación de las probetas se realizará según los índices de degradación de una escala de grises. Esta escala se utiliza para comparar la zona degradada o descargada con respecto a la muestra original, asignándole una valoración específica. Se evaluará la descarga en el tejido testigo y la degradación en la superficie de la probeta textil sometida al ensayo.

Solidez al lavado en seco con percloroetileno

La evaluación de la degradación del color en una probeta textil, así como la descarga de color sobre los testigos especificados, se lleva a cabo mediante un proceso específico. La probeta textil se coloca en contacto con los testigos correspondientes y se introduce en una bolsa de tejido de algodón junto con discos de acero inoxidable. Luego, la bolsa se agita en percloroetileno para realizar el lavado. Posteriormente, se procede a exprimir y secar la muestra.

Una vez seca, se evalúa la degradación del color en la probeta y la descarga de color sobre los testigos utilizando escalas de grises o métodos instrumentales según las normas ISO 105-A04 e ISO 105 A05, según corresponda. Este análisis permite determinar el nivel de alteración cromática experimentada por la muestra y la transferencia de color a los testigos, proporcionando datos objetivos sobre la calidad y resistencia del material textil ante procesos de lavado y uso.

Procedimiento

Se procede a la preparación de la probeta textil, la cual tiene dimensiones de 100 x 40 mm, junto con dos tejidos testigo monofibra del mismo tamaño. Estos tejidos testigo consisten en una muestra del componente mayoritario y otra de la segunda fibra mayoritaria, siguiendo las especificaciones de la normativa correspondiente.

A continuación, se confecciona una bolsa de tejido de algodón sin teñir, con una medida de 100 x 100 mm, cosiendo tres de sus lados y dejando el cuarto lado abierto para introducir la probeta compuesta, acompañada de 12 discos. Luego, se cierra la bolsa cosiendo el cuarto lado.

En los recipientes del equipo LINITEST, se coloca una bolsa en cada uno y se añaden 200 ml de percloroetileno (tetracloroetano), actuando a una temperatura de 30 °C durante un tiempo de 30 minutos. Posteriormente, se extrae la probeta y se procede a exprimirla con papel de filtro. Finalmente, la probeta se seca suspendiéndola al aire o en una estufa a una temperatura de 60 °C.

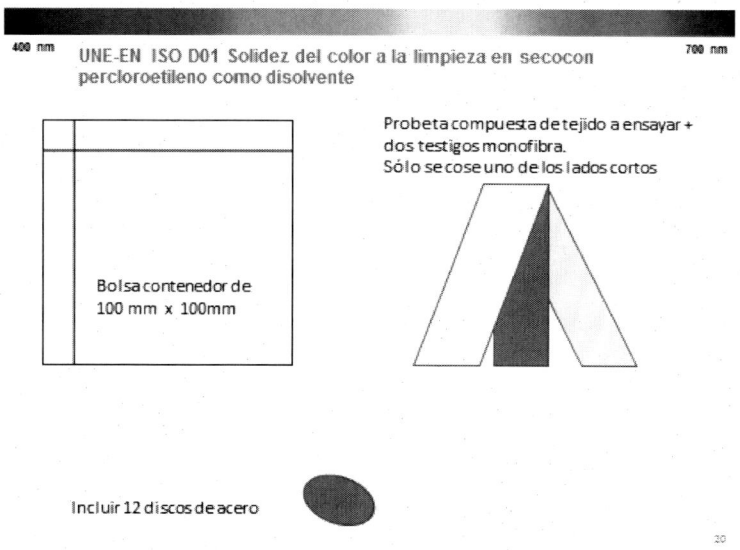

UNE-EN ISO D01 Solidez del color a la limpieza en secocon percloroetileno como disolvente

400 nm 700 nm

Probeta compuesta de tejido a ensayar + dos testigos monofibra.
Sólo se cose uno de los lados cortos

Bolsa contenedor de 100 mm x 100mm

Incluir 12 discos de acero

Solidez de las tinturas al blanqueo por hipoclorito

Se realiza un procedimiento específico para evaluar la degradación del color en una probeta textil y la descarga de color sobre los tejidos testigo, utilizando las normas ISO 105-A04 e ISO 105 A05.

Procedimiento

Inicialmente, se agita la probeta del textil en una disolución de Hipoclorito Sódico y se enjuaga con agua. Posteriormente, se neutraliza utilizando peróxido de hidrógeno (agua oxigenada H_2O_2) o Bisulfito Sódico (SO_3HNa).

La evaluación de la degradación del color de la probeta y la descarga de color sobre los testigos se lleva a cabo utilizando escalas de grises o instrumentos según las normas mencionadas.

El procedimiento implica la preparación de una disolución de hipoclorito sódico con una concentración específica, seguida de la preparación de la probeta de dimensiones 40 x 100 mm y su humectación con agua destilada.

Una vez la probeta ha absorbido suficiente agua, s e sumerge e n la disolución de hipoclorito sódico con una relación de baño R/B de 1:50. Después de un tiempo determinado, se retira la probeta, se lava y se introduce en la disolución neutralizante. Posteriormente, se enjuaga, aclara con agua y se seca al aire a una temperatura inferior a 60 ºC.

Es importante evitar la exposición solar durante todo el proceso.

Solidez del color al frote seco y húmedo

Se realizará el ensayo de solidez al frote frotando muestras del textil con un tejido testigo seco de 50 x 50 mm, compuesto 100 % de algodón, y con otro tejido testigo mojado. Este proceso se llevará a cabo utilizando un movimiento de frote de vaivén en línea recta. El aparato utilizado para este fin es el *Crockmeter*, diseñado específicamente para este tipo de ensayo.

Los tejidos testigo de algodón se ajustarán a lo especificado en la norma ISO F09. Para llevar a cabo el ensayo, se requerirán al menos dos muestras en dirección de urdimbre y dos muestras en dirección de trama, cada una con dimensiones mínimas de 50 x 140 mm.

Procedimiento

- **Frote seco:** el tejido destinado al ensayo se coloca sobre la lija en la zona designada para el frote y se asegura mediante un dispositivo o pinzas adecuadas. Se realiza un frotamiento a una velocidad constante de 1 ciclo por segundo, con un movimiento de vaivén en línea recta, ejecutando 20 ciclos en total, distribuidos equitativamente con 10 movimientos en cada sentido.

- **Frote húmedo:** el tejido testigo se humedece completamente en agua destilada, garantizando una impregnación del 100 %. Luego, se procede siguiendo el mismo procedimiento que en el ensayo de frote seco.

Para cada una de las probetas ensayadas, se evalúa el grado de descarga en los tejidos testigo utilizando la Escala de grises UNE-EN ISO 105-A03.

Solidez del color al frote con disolventes orgánicos

Se procede a frotar una probeta textil con un tejido testigo de algodón estandarizado que ha sido impregnado con un disolvente. El lavado en seco comercial típicamente emplea PERCLOROTETILENO (TETRACLOROETILENO). Se evalúa la descarga de color en el tejido testigo blanco utilizando la Escala de Grises correspondiente, así como la degradación experimentada por la probeta textil.

El informe incluirá el índice de solidez para la degradación de la probeta y la mancha en el tejido testigo, para cada uno de los disolventes empleados en el ensayo.

Procedimiento

Se lleva a cabo el ensayo utilizando el mismo aparato y procedimiento que el frote especificado en la norma ISO X-12. Las probetas son preparadas con las mismas dimensiones, tanto en dirección de trama como de urdimbre. Para este propósito, se emplea una rejilla de laboratorio sobre la cual se colocan los tejidos testigo. Luego, se agrega el disolvente gota a gota hasta que el peso alcanzado sea igual al peso original del tejido.

Solidez al lavado

Una muestra textil en contacto con los tejidos testigo designados es sometida a un proceso de lavado, enjuague y secado. La degradación de la muestra y la transferencia de color a los tejidos testigo se evalúan utilizando escalas de grises. Además, es posible realizar una evaluación instrumental utilizando un espectrofotómetro de reflexión de acuerdo con las Normas ISO 105-A04 e ISO 105 A05.

Procedimiento

Los ensayos se llevan a cabo siguiendo las pautas establecidas en la Norma ISO 105-C06:1994. Para realizar estos ensayos, se utiliza el aparato de prueba LINITEST, el cual está detallado en la misma normativa 105-C06. Los contenedores utilizados para el baño de lavado deben tener una capacidad de 550±50 ml. Para generar una acción abrasiva, se pueden emplear bolas de acero durante el proceso.

Las muestras de prueba y los testigos monofibra tienen dimensiones estándar de 100 x 40 mm, y se colocan a ambos lados de la probeta. Para asegurar su sujeción, se cosen en uno de los lados cortos de la misma.

Práctica 5. EPIs
Protección frente agentes químicos

Introducción

Los Equipos de Protección Individual (EPIs) son dispositivos diseñados para proteger la salud y seguridad de los trabajadores en el entorno laboral. Estos equipos se utilizan para reducir los riesgos que puedan surgir durante la realización de tareas que puedan provocar lesiones o enfermedades. Los EPIs pueden variar ampliamente en función del entorno laboral y las tareas específicas que se realicen. Incluyen elementos como cascos, gafas de protección, guantes, calzado de seguridad, arneses, entre otros.

La selección adecuada de los EPIs es fundamental para garantizar una protección efectiva. Deben ser adecuados para el tipo de riesgo al que están expuestos los trabajadores y deben ajustarse correctamente a cada individuo. Además, es esencial proporcionar una formación adecuada sobre el uso y mantenimiento de los EPIs para garantizar su eficacia.

Los EPIs desempeñan un papel crucial en la prevención de accidentes laborales y enfermedades profesionales. Al proteger a los trabajadores de posibles peligros, no solo se salvaguarda su salud y seguridad, sino que también se promueve un entorno laboral más seguro y productivo. En muchos países, el uso de EPIs está regulado por normativas y legislaciones específicas que establecen los requisitos mínimos para su selección, uso y mantenimiento.

Para ciertas actividades laborales, es esencial el uso de equipos de protección individual (EPI) que salvaguarden a los trabajadores de diferentes agentes químicos líquidos corrosivos. Para evaluar su eficacia, se recurre a normativas como la ISO 6530:2005 y la UNE-EN 14325:2019.

La norma internacional ISO 6530:2005 detalla un método de ensayo para medir los índices de penetración, absorción y repelencia de los materiales empleados en prendas de protección contra salpicaduras de productos químicos líquidos de bajo volumen y presión, usualmente compuestos de baja volatilidad. Por otro lado, la Norma ISO 13994 se utiliza para evaluar la resistencia a la penetración de materiales en prendas de protección contra salpicaduras de productos químicos en formas más concentradas y bajo mayor presión.

Estas normativas establecen protocolos rigurosos para garantizar que los equipos de protección individual proporcionen el nivel adecuado de seguridad ante riesgos químicos en el entorno laboral, promoviendo así la salud y bienestar de los trabajadores.

Materiales

- Agua destilada
- Ácido sulfúrico
- Sosa causticas
- Butanol
- Xileno
- Traje de buzo

Proceso experimental

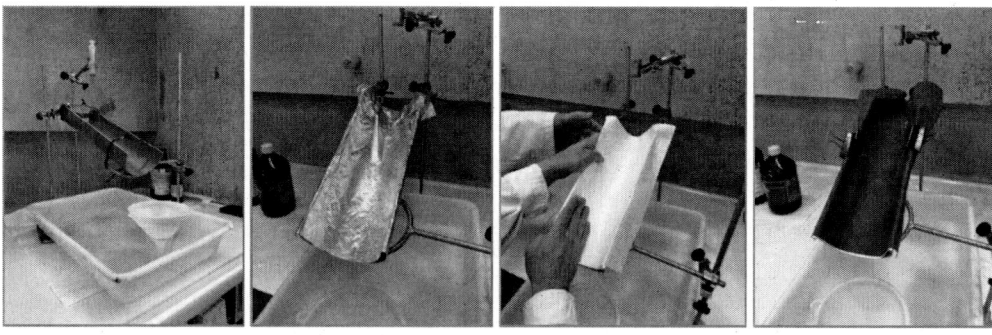

Figura 1. Equipo de ensayo

Probetas

Se procede a cortar seis probetas de la prenda o del material de muestra, cada una con dimensiones de (360 ± 2) mm por (235 ± 5) mm, y se pesan con una precisión de 0,01 g para cada líquido de ensayo. En el caso de telas tejidas, se obtienen tres probetas en la dirección de la urdimbre y tres en la dirección de la trama. Para telas no tejidas, si es posible identificar una dirección de confección, se seleccionan tres probetas en esa dirección y tres más en ángulo recto respecto a ella. Cada probeta se pesa antes de llevar a cabo el ensayo.

Preparación de las capas

Se procede a cortar un rectángulo de papel de filtro y otro de película protectora, ambos con dimensiones de (300 ± 2) mm por (235 ± 5) mm, y se pesan juntos con una precisión de 0,01 g. Luego, se pesa cada uno de estos elementos por separado. Acto seguido, se colocan en el canalón, en orden, la película protectora, el papel absorbente y la probeta (en ese orden), todos previamente pesados. Se procede a pesar el vaso de precipitado con una precisión de 0,01 g y se coloca debajo del borde plegado de la probeta para recolectar el líquido de ensayo que pueda escurrir por la superficie.

Colocación de las capas sobre el canalón

Se disponen en el canalón, en secuencia, la película protectora, el papel absorbente y la probeta (en ese orden), todas previamente pesadas. Se eliminan cualquier arruga presente en cada capa y se verifica que todas las superficies estén en contacto íntimo. Posteriormente, se sujetan con clips para asegurar su posición. Se procede a pesar el vaso de precipitado con una precisión de 0,01 g y se coloca debajo del borde plegado de la probeta para recoger cualquier líquido de ensayo que pueda deslizarse por la superficie.

Realización del ensayo

Se inicia simultáneamente el cronómetro y se procede a verter el líquido de ensayo (10 ± cm³) en un lapso de tiempo de (10 ± 1) segundos, a través de la aguja, sobre la superficie de la probeta. Después de transcurridos 60 segundos desde el inicio del vertido del líquido de ensayo, se golpea suavemente el canalón para eliminar cualquier gota que pudiera quedar suspendida en el borde plegado de la probeta. Luego, se retira con cuidado la probeta para evitar que se escurra más líquido, ya sea en el vaso de precipitado o sobre el papel absorbente. A continuación, se procede a pesar nuevamente con una precisión de 0,01 g los siguientes objetos:

- el papel absorbente y la película subyacente
- el vaso de precipitado
- la probeta

Los líquidos que se van a emplear en este ensayo son los siguientes:

Chemical	Concentration weight %	Temperature of chemical ºC (± 2 ºC)
H_2SO_4	30 (aqueous)	20
NaOH	10 (aqueous)	20
o-Xylene	Undiluted	20
Butan-1-ol	Undiluted	20

Cálculos y resultados

Para cada probeta y cada líquido de ensayo se calculan los índices de penetración, repelencia y absorción de acuerdo con las fórmulas (1) a (3).

a) Para el índice de penetración, IP:

$$IP = (Mp/Mt) \times 100 \qquad (1)$$

Donde Mp es la masa, expresada en gramos, de líquido de ensayo acumulado en la combinación de papel absorbente/película; Mt es la masa, expresada en gramos, de líquido de ensayo descargado sobre la probeta.

b) Para el índice de repelencia, IR:

$$IR = (Mr/Mt) \times 100 \qquad (2)$$

Donde Mr es la masa, expresada en gramos, de líquido de ensayo recogido en el vaso de precipitado; Mt es la masa, expresada en gramos, de líquido de ensayo descargado sobre la probeta.

c) Para el índice de absorción, IA:

$$IA = (Ma/Mt) \times 100 \qquad (3)$$

Donde Ma es la masa, expresada en gramos, de líquido de ensayo absorbido por el material ensayado; Mt es la masa, expresada en gramos, de líquido de ensayo descargado sobre la probeta.

Los índices IP, IR y IA se expresan con una cifra decimal.

Clasificación del producto ensayado

Para clasificar el EPI según la norma UNE-EN 14325:201 se emplean los siguientes valores:

Class	Repellency index
3	> 90 %
2	> 80 %
1	> 70 %

Class	Pentration index
3	< 1 %
2	< 5 %
1	< 10 %

Práctica 6. Confort térmico

Comparación de la absorción de humedad de diferentes materias

Introducción

El confort térmico es un aspecto crucial en el diseño y la selección de textiles, especialmente en prendas de vestir. La capacidad de un tejido para absorber agua y humedad puede influir significativamente en la sensación de confort del usuario. En esta práctica de laboratorio, se explorará la capacidad de absorción de agua y humedad de tres tipos de textiles comunes: algodón, poliéster y lana. Estos materiales textiles son ampliamente utilizados en la industria textil y cada uno tiene propiedades únicas que afectan su comportamiento en términos de confort térmico.

Los textiles para confort térmico son una pieza fundamental en nuestra vida cotidiana, ya que nos protegen y nos brindan comodidad en diferentes condiciones climáticas. Estos textiles están diseñados específicamente para regular la temperatura del cuerpo y proporcionar una sensación de confort en entornos tanto cálidos como fríos.

En climas cálidos, los textiles para confort térmico están diseñados para mantenernos frescos y permitir la evaporación del sudor. Estos textiles suelen estar hechos de materiales ligeros y transpirables, como algodón, lino o tejidos sintéticos de alta tecnología. Los tejidos transpirables permiten que el aire circule libremente a través de las fibras, ayudando a dispersar el calor corporal y a mantenernos frescos y secos incluso en condiciones de alta humedad.

Por otro lado, en climas fríos, los textiles para confort térmico están diseñados para proporcionar aislamiento térmico y retener el calor corporal. Estos textiles suelen estar hechos de materiales con propiedades aislantes, como la lana, el poliéster polar o tejidos con tecnología de aislamiento térmico. Estos materiales atrapan el aire caliente cerca del cuerpo y evitan que escape, creando una barrera protectora que nos mantiene abrigados y cómodos en temperaturas frías.

Además de su función principal de regular la temperatura corporal, los textiles para confort térmico también pueden ofrecer otras características adicionales, como resistencia al viento, repelencia al agua, protección contra los rayos UV y propiedades antibacterianas o antialérgicas. Estas características adicionales pueden mejorar aún más la comodidad y la funcionalidad de los textiles en diferentes condiciones climáticas y entornos.

La investigación y el desarrollo continuo en el campo de los textiles para confort térmico han llevado a la creación de tejidos innovadores y tecnologías avanzadas que ofrecen un rendimiento óptimo en una amplia gama de condiciones climáticas. Desde prendas de vestir y ropa de cama hasta textiles para aplicaciones técnicas y deportivas, los textiles para confort térmico desempeñan un papel fundamental en nuestra vida diaria al garantizar que podamos mantenernos cómodos y protegidos, independientemente del clima que nos rodee.

Materiales para el confort térmico. Aislantes más utilizados. Lana y sus propiedades

La lana es uno de los materiales aislantes más empleados, destacando por sus propiedades únicas, especialmente en términos de higroscopicidad. Este término hace referencia a la capacidad que posee la lana para absorber o liberar humedad en el entorno en el que se encuentra. En ambientes húmedos, la lana absorbe la humedad y posteriormente la libera en áreas más secas. De hecho, la fibra de lana puede absorber hasta un 50 % de su peso en humedad. Esta característica contribuye significativamente a su capacidad para mantener el calor corporal.

La excepcional capacidad de la lana para retener el calor se atribuye a sus propiedades químicas y físicas inherentes. Su estructura rizada crea pequeñas cámaras de aire entre las fibras, que actúan como reguladores térmicos al permitir la circulación del aire. Esta circulación de aire ayuda a mantener una temperatura óptima alrededor del cuerpo.

Además de su capacidad para regular la temperatura, la lana también es hidrófoba, lo que significa que repele el agua. Esta propiedad resulta especialmente útil en condiciones de frío y humedad, donde la lana sigue proporcionando calor incluso en ambientes húmedos.

Objetivos

a) Determinar la capacidad de absorción de agua y humedad de tejidos de algodón, poliéster y lana.

b) Comparar las propiedades de absorción de agua y humedad entre los diferentes materiales textiles.

c) Analizar cómo estas propiedades pueden influir en el confort térmico del usuario.

Materiales y equipos

- Muestras de tejido de algodón, poliéster y lana
- Vaporizador o rociador de agua
- Balanza analítica
- Cronómetro

Procedimiento experimental

a) Preparación de las muestras:
- Obtener muestras de tejido de algodón, poliéster y lana de tamaños similares.
- Etiquetar cada muestra para su identificación.

b) Medición del peso inicial:
- Registrar el peso inicial de cada muestra utilizando la balanza analítica y anotarlo.

c) Exposición al vapor:
- Colocar cada muestra de tejido en una superficie plana.
- Utilizar el vaporizador para rociar cada muestra de manera uniforme durante 30 minutos.
- Asegurarse de que todas las muestras estén expuestas al vapor de manera equivalente.

d) Medición del peso final:
- Después de los 30 minutos de exposición al vapor, retirar cada muestra y secar superficialmente con un paño limpio para eliminar el exceso de agua superficial.
- Medir el peso final de cada muestra utilizando la balanza analítica y registrar los valores.

e) Cálculo de la absorción de agua y humedad:
- Calcular la diferencia entre el peso final y el peso inicial de cada muestra para determinar la cantidad de agua y humedad absorbida durante el proceso.
- Comparar los valores obtenidos para cada tipo de tejido y analizar las diferencias en la capacidad de absorción de agua y humedad entre el algodón, el poliéster y la lana.

Análisis de resultados

Los datos recopilados en esta práctica permitirán comparar la capacidad de absorción de agua y humedad de los diferentes tejidos textiles. Se espera observar diferencias significativas entre el algodón, el poliéster y la lana en términos de su capacidad para retener agua y humedad. Estas diferencias pueden explicarse por las propiedades intrínsecas de cada material, como su estructura molecular y su composición química. Este análisis ayudará a comprender cómo estas propiedades pueden afectar el confort térmico del usuario al usar prendas fabricadas con estos materiales.

Bibliografía recomendada

Chughtai, A. A., Seale, H., & Macintyre, C. R. (2020). Effectiveness of cloth masks for protection against severe acute respiratory syndrome coronavirus 2. *Emerging Infectious Diseases*, *26*(10).

Dapper, G. J. (2022). *Desenvolvimento de um dispositivo inovador de simulação dinâmica do sistema respiratório para avaliação de um TNT revestido com filme de Cu.*

Fung, W., & Hardcastle, J. M. (2000). *Textiles in automotive engineering.* Elsevier.

Horrocks, A. R., & Anand, S. C. (2000). *Handbook of technical textiles.* Elsevier.

Howard, J., Huang, A., Li, Z., Tufekci, Z., Zdimal, V., van der Westhuizen, H.-M., von Delft, A., Price, A., Fridman, L., & Tang, L.-H. (2020). *Face masks against COVID-19: an evidence review.*

Pilarczyk, K. (2000). *Geosynthetics and geosystems in hydraulic and coastal engineering.* CRC Press.

Sarsby, R. W. (n.d.). Geosynthetics in Civil Engineering, 2006. *Cambridge: Woodhead.*

Scott, R. A. (2005). *Textiles for protection.* Elsevier.

Shishoo, R. (2008). *Textile advances in the automotive industry.* Elsevier.

Touze-Foltz, N. (2018). Healing the world: A geosynthetics solution. *Proceedings of the 11th International Conference on Geosynthetics, Seoul, Korea*, 16–21.

Wang, F., & Gao, C. (2014). *Protective clothing: managing thermal stress.* Elsevier.